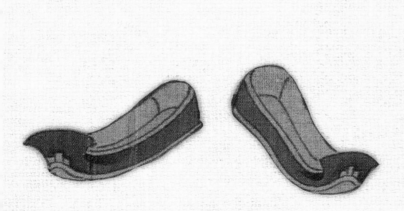

图书在版编目（CIP）数据

古人穿什么 / 姚依娜著. -- 西安 ：未来出版社,
2024.4
ISBN 978-7-5417-7662-5

Ⅰ．①古… Ⅱ．①姚… Ⅲ．①服饰－历史－中国－古
代 Ⅳ．①TS941.742

中国国家版本馆CIP数据核字(2023)第254204号

GUREN CHUAN SHENME

古人穿什么

姚依娜 / 著

出　品　人: 李桂珍
选题策划: 赵向东　杜泊锐
责任编辑: 陈丹盈
出版发行: 陕西新华出版　未来出版社
社　　址: 西安市登高路1388号
邮政编码: 710061
电　　话: 029-89122633
经　　销: 全国各地新华书店
印　　刷: 鹤山雅图仕印刷有限公司
开　　本: 889mm×1 194mm　1/12
印　　张: 4
字　　数: 40千字
版　　次: 2024年4月第1版
印　　次: 2024年4月第1次印刷
书　　号: ISBN 978-7-5417-7662-5
定　　价: 38.00元

古人穿什么

画里有话

姚依娜 / 著

陕西新华出版
未来出版社
·西安·

襦　裙

古代的衣服，上身称为衣，下身称为裳，襦裙就是衣裳的一种，是汉服历史上最基本的服装形式之一，包含上身的短衣以及下身的裙子。所谓的"襦"是上衣，通常长度不超过膝盖。襦裙直到唐代前期都是女性的日常穿着服饰。

唐代女子穿襦裙时，也会搭配半臂和披帛。

唐代的半臂是一种短袖外套，袖子只到肘部，衣长到腰间。

披帛是用轻薄的纱罗制成的条状长巾。披帛有两种佩戴方法，一种是缠绕在胳膊上，一种是披在肩上。

襦也有多种款式

襦按照是否有夹层分为单襦和夹襦，若在夹襦中装上绵絮，则被称为复襦。

齐腰襦裙是什么

齐腰襦裙是襦裙的一种，裙腰与腰部平齐，在汉朝和魏晋南北朝时期盛行。齐腰襦裙的上襦通常为交领或是直领，因此，齐腰襦裙又分为交领齐腰襦裙、直领齐腰襦裙两种不同的款式。其实，齐腰襦裙并不是古代女子的专属，男子也会穿齐腰襦裙呢！

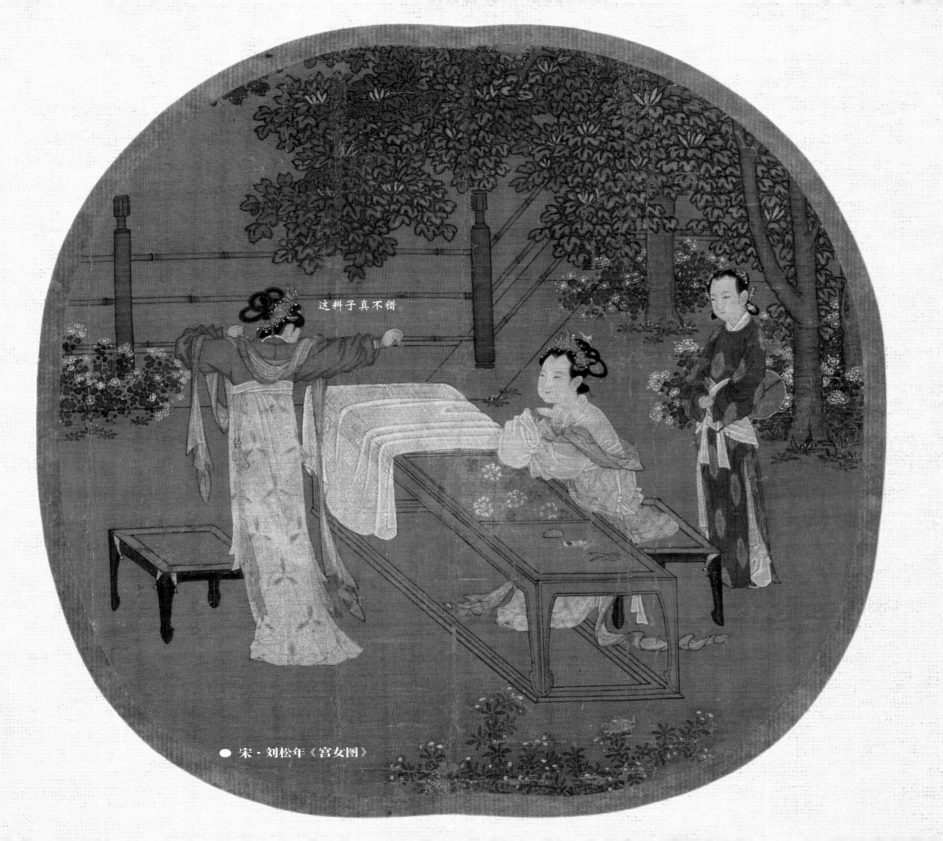

这料子真不错。

● 宋 · 刘松年《宫女图》

3

● 宋·佚名《宫女团扇图》

4

什么是高腰襦裙

　　北魏时期，高腰襦裙出现了。人们将束带系在腰部以上，胸部以下。为什么会有这样的设计呢？因为高腰襦裙会让女子的身材显得更加高挑。古人通过服饰修饰身材，是不是很聪明呢。

齐胸襦裙

　　齐胸襦裙是隋唐五代时期特有的女子服装，束带系在腋下。

　　唐代国家统一，经济空前繁荣，因此社会开放，各式各样的服装款式争奇斗艳，襦裙领子的样式也越来越多。领子不仅有交领、直领，还有圆领、方领、鸡心领等。

诗词拓展

陌上桑（节选）

【汉】佚名

头上倭堕髻，

耳中明月珠。

缃绮为下裙，

紫绮为上襦。

褙子

　　褙子又叫背子，始于隋朝，流行于宋代、明代。为什么叫褙子呢？有两种说法。一种说法是穿褙子可以让人背挺直，身姿挺拔；另一种说法是褙子原为婢妾的服装，因婢妾常站在女主人背后，因而得名。

　　褙子是宋代人喜欢的服装款式之一，上至达官贵族，下至普通百姓，都会穿褙子。

褙子也有多种款式

褙子的领子有直领对襟、斜领交襟、盘领交襟三种。

褙子的袖子和衣长也有不同。一般男款的褙子袖子有长有短，短袖褙子袖子较宽、长袖褙子袖子较窄；女款褙子是长袖，袖子有宽有窄。《蕉荫击球图》(图右)描绘了宋朝儿童嬉戏的场景，图中女子里面穿了一条长裙，外面就套了一件到膝盖的窄袖褙子。

● 宋·佚名《蕉阴击球图》局部

● 宋·佚名《歌乐图》局部

7

● 宋·陈清波《瑶台步月图》

8

宋代人为什么喜欢褙子

古人喜欢穿褙子，那是有很多原因的。褙子在春、秋季可以挡风，夏季可以防晒，冬季可以御寒，是不是很实用呢！除此之外，褙子还有独特的功能呢。长款的褙子显瘦，短款的褙子显年轻，多种颜色的褙子可以让服饰的搭配更加时尚！

背子如何区分男女款呢

在宋代，不管是男子，还是女子，都会穿褙子。如何区分男款和女款呢？我们只要看领子就可以了。

女款是直领对襟。

男款是斜领交襟和盘领交襟。

宋代男子上至帝王将相、下至普通老百姓都穿褙子，但只能作为日常服装，如果要和礼服搭配，就要穿在礼服的里面。

古人也会追求"复古风"

褙子在腋下及背后缀有带子，不系结，是为了追求飘逸的复古风呢。

北宋的男款褙子比较特别，是一种衣袖长度到肘关节的服装，有斜领交襟和盘领交襟两种款式，穿时套在长衫的外面，腰间要用布帛勒住。右图中的褙子和我们前边提到的哪种服装比较像呢？

● 宋·赵佶《文会图》局部

9

武還思諫獵箴
中吾自有權衡
南苑行圍即事三首
乙亥暮春御筆

一眼花翎

三眼花翎

我们年龄大了帮皇上检检猎物就行了。

绿原小试佶闲
骎俞骑鸿绸鸲
五游滕日寻芳
鱼示度雕龙何
用赋素蒬霭润
青衢草气靘阳

二眼花翎

清·郎世宁《乾隆皇帝射猎图》

顶 戴 花 翎

清代官帽与历代不同，有暖帽和凉帽之分，帽子上面还有翎羽和顶珠。

翎羽是什么

翎羽分为花翎和蓝翎。

花翎是用孔雀尾巴上的羽毛做成的，分为一眼、二眼和三眼。所谓的"眼"，是孔雀翎上眼状的绚丽圆圈。一圈便是一眼，眼数越多，表明臣子的身份越高贵。三眼花翎是最高级别的花翎。

花翎并非所有臣子都能戴。清政府有规定，朝中五品以上的内大臣，以及一些宗室贵族，才有佩戴花翎的资格。一眼花翎由五品以上的内大臣，以及出身镶黄旗、正黄旗、正白旗的贵族军营统领、参领享有；二眼花翎可由部分藩王、宗室贵族以及驸马享有，三眼花翎则由皇室中的贝勒、亲王、贝子以及固伦额驸享有。

最初的时候，符合条件的贵族们，需要在十岁时通过骑射考核后得到花翎。后来考核取消，由皇帝赏赐，范围逐渐扩大，一些有重要功绩的大臣也可以拥有。只不过想要拥有三眼花翎，是一件非常非常非常难的事情。

花翎作为清代官员尊贵的标志，拥有它的人不得随意从帽子上摘下，也不得越级妄戴，否则将会面临严厉的处罚。对官员来说，被摘掉花翎是一种很严重的处罚了。

蓝翎是用一种鸟的羽毛做的，没有眼，相比花翎等级要低得多。蓝翎一般赐给六品或以下的官员，以及在皇宫和王府当差的侍卫，也可以被赏赐给建有军功的低级军官。

翎羽插在哪里呢

顶珠的下面有一个管，叫翎管，是用白玉或翡翠制成的，翎羽就插在翎管里。

顶戴是什么

　　顶戴是清代用来区别官员等级的帽饰——顶珠，不同级别的官员顶珠的材质和颜色不同。按清代礼仪，一品用红宝石，二品用珊瑚，三品用蓝宝石，四品用青金石，五品用水晶，六品用砗磲（chē qú），七品用素金，八品用阴纹镂花金，九品为阳纹镂花金。

级别	顶戴	花翎
一品	红宝石	单眼花翎
二品	珊　瑚	单眼花翎
三品	蓝宝石	单眼花翎
四品	青金石	单眼花翎
五品	水　晶	单眼花翎
六品	砗　磲	蓝翎
七品	素　金	蓝翎
八品	阴纹镂花金	蓝翎
九品	阳纹镂花金	蓝翎

 一品——红宝石

 二品——珊瑚

 三品——蓝宝石

 四品——青金石

 五品——水晶

 六品——砗磲

 七品——素金

 八品——阴文镂花金

 九品——阳文镂花金

官 服

听到"衣冠禽兽"这个词，大家一定会想到道德败坏的人。其实"衣冠禽兽"这个词最早是褒义词。

明代，出现了一种特殊的官服——补服，在官服的前胸、后背处各有一块补丁，人们可以通过补丁上的花纹判断官员是文官还是武官，也可以判断官员级别的高低。文官儒雅，绣飞禽；武官勇猛，绣猛兽。每个级别的官员应该穿什么颜色、什么纹饰的官服呢？让我们一起来看一看吧！

你知道这位大人是文官还是武官呢？他是几品官员呢？

文官		
级别	颜色	纹饰
一品	红	仙鹤
二品	红	锦鸡
三品	红	孔雀
四品	红	云雁
五品	青	白鹇
六品	青	鹭鸶
七品	青	鸂鶒 xī chì
八品	绿	黄鹂
九品	绿	鹌鹑

武官		
级别	颜色	纹饰
一品	红	麒麟
二品	红	狮子
三品	红	老虎
四品	红	豹子
五品	青	熊罴
六品	青	彪
七品	青	彪
八品	绿	犀牛
九品	绿	海马

15

● 明·佚名《出警图卷》局部

让我看看有没有可疑人员。

武功高强的锦衣卫穿什么

影视作品里的明代锦衣卫，穿的是飞鱼服，腰挎绣春刀。其实，并非所有的锦衣卫都有资格穿飞鱼服。飞鱼服是皇帝赏赐的衣服，一般二品以上的锦衣卫首领才有机会获得。

飞鱼的形象，源自《山海经》中的鳐鱼，是一种有着鸟的翅膀、能在海上飞翔的鱼。飞鱼的形象也是不断变化的。明代嘉靖年间，飞鱼纹龙头龙身，有双翅、胸鳍、腹鳍和鱼尾，后来，飞鱼服的纹饰是蟒纹、龙头，有四肢和双翅。

16

乌纱帽是什么

官帽是中国官服的重要组成部分。秦汉时期，官员就用巾帻裹头，戴梁冠显示自己的身份；唐代，幞（fú）头开始流行；经过唐宋的改良，软质的幞头发展为硬挺的纱帽，成为官员的首服——帽子。

宋太祖赵匡胤登基之后，为了防止大臣们上朝的时候交头接耳，让纱帽有了长长的帽翅，只要脑袋一晃，加长的帽翅就会摇晃，如果两个人靠近说话，帽翅还可能打到别人，帽子也可能会掉下来。

明代继续对官帽进行改良，并用乌纱制成，被称为"乌纱帽"，并从制度上确定乌纱帽为官帽。

● 宋·佚名《宋太祖坐像》

不同时期的帽翅

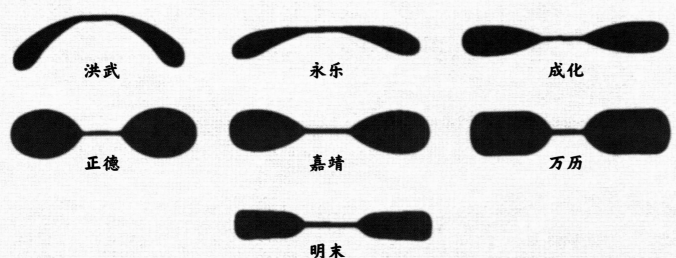

洪武　　永乐　　成化

正德　　嘉靖　　万历

明末

尊贵的"衣冠禽兽"为什么变成贬义词呢

明代末年，朝廷腐败，官员们贪赃枉法，无恶不作，百姓深恶痛绝，于是，"衣冠禽兽"就变成了贬义词，现在常用来形容道德败坏、无恶不作的人。

翘 头 履

　　中国古代无论是男子还是女子，袍、裙等的长度比较长，会拖到地面，为了防止被衣服绊脚跌倒，古人发明了翘头履，经过反复的实践并不断改革，翘头履的款式也在不断发生变化。翘头履的鞋翘可以防止穿履的人受伤，还能防止泥水进入，延长履的寿命。当然，翘头履还是身份、等级的象征。

● 宋·赵佶《捣练图》

翘头履都有哪些款式

　　翘头履的款式多种多样，有鞋头上翘的厚底重台履；有鞋头分叉，呈两个尖角状的分梢履；有鞋头像翻滚的云朵的云头履；还有鞋头有凤纹的凤纹履。

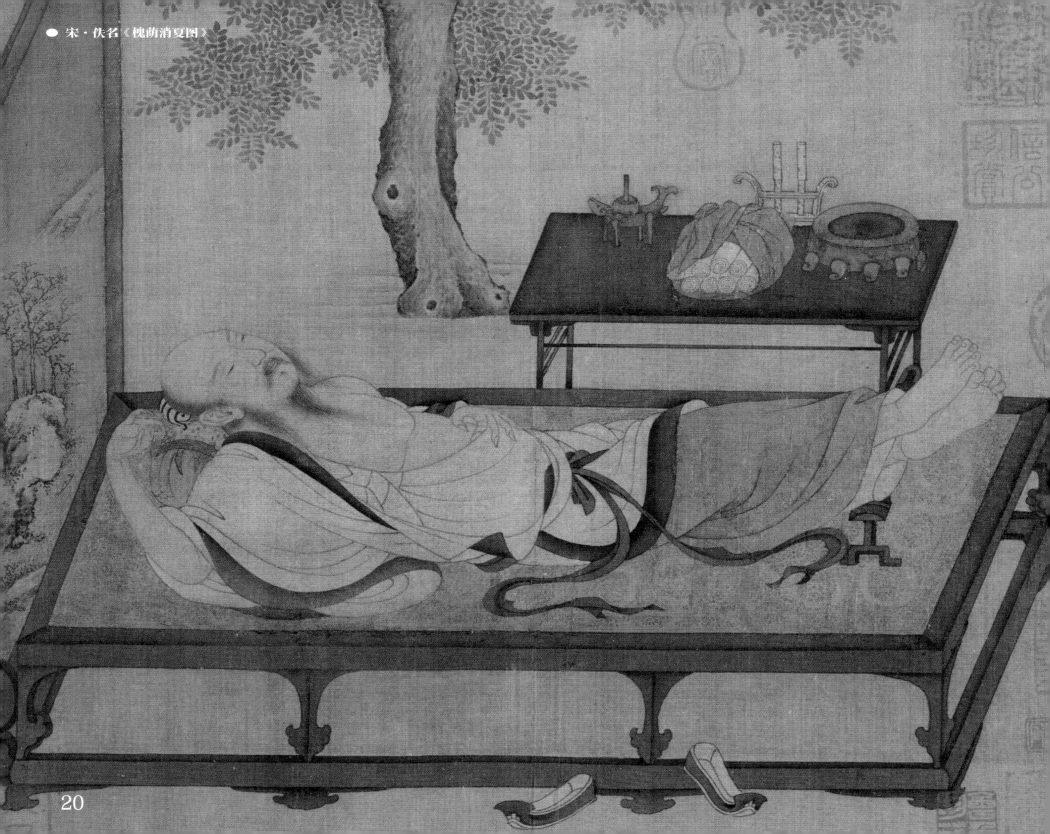

古人为什么喜欢翘头履

翘头履的设计还和我国的古代建筑有关。我国古代房屋屋顶的四个角都是往上翘的，这种上翘的屋顶叫飞檐。飞檐能扩大室内采光面积，有利于雨水的排泄，防止雨水流入室内。重要的是，飞檐寓意居住在里面的人生活越来越好。

穿上翘头履，寓意平步青云，步步高升。这也许是古人钟爱翘头履的原因之一吧。

其实翘头履的流行并不是从秦汉时期开始的。在甘肃玉门史前遗址出土的人形彩绘陶中，就出现了翘头履。

古人的鞋子分左右脚吗

在古代，鞋子是不分左右脚的。古人把两只不一样的鞋称为"鸳鸯鞋"。"鸳鸯鞋"是社会最底层的人或者罪犯穿的鞋。

古代，不只是中国的鞋不分左右脚，世界上很多地方的鞋子都是不分左右脚的。

西方的鞋子区分左右脚，仅有200多年的时间。1876年，上海人沈柄根做出了中国第一双区分左右脚的鞋，从此以后，中国人的鞋开始分左右脚。

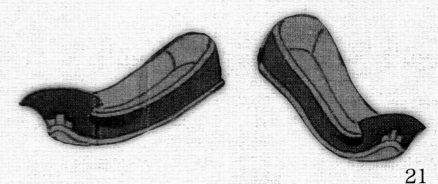

梳发髻

　　"身体发肤，受之父母。"头发对古人来说非常重要，不能随意剪发，于是出现了各种发髻。
发髻有空心和实心之分。空心的称为鬟，实心的成为髻。

● 明·仇英《汉宫春晓图》局部

你能在画中找到多少种
不同的发髻呢？

女子发髻都有哪些样式呢

中国古代女子的发髻足足有上千种。每个朝代的不同时期、不同身份的女子、同一个女子在不同的年龄，都会梳不同的发髻。虽然古代的发髻多种多样，但是女子不可以随意梳发髻，什么年龄、什么场合、什么阶层梳什么样的发髻都是有规定的。

古代社会等级制度森严，贵族女子和平民女子的发髻差别很大。梳高髻耗时费力，还要加上各种装饰，平民女子是不会盘高髻的。

流苏髻　　　　　　灵蛇髻　　　　　　堕马髻

飞天髻　　　　　　双蟠髻　　　　　　小盘髻

动物们也是发型设计师

据史书记载，魏晋时期，甄后入魏宫之后，宫内有一条绿蛇，它口中经常吐出红色珠子，好像梧桐果那么大。蛇也不伤人，若有人要害蛇，蛇就会躲起来。甄后每日梳妆，那绿蛇就会盘成发髻一般前后扭动。甄后觉得很奇特，于是仿照蛇的样子梳出自己的发髻。蛇的动态每天都有变化，甄后每日的发髻也会随之变化，如蛇一般灵动，因此被称为灵蛇髻。宫人纷纷效仿，于是，灵蛇髻流行开来。

除了灵蛇髻，古代很多发型都是从动物的形态上找到的设计灵感，如宋代非常流行的双蟠髻，它像两条乌龙盘在头顶；堕马髻的发髻就像马低下了头，又像女子即将从马上摔落的样子。

发髻都是真发吗

当然不是，早在西周时期，假发就出现了，只不过那个时候的假发不是普通人使用的。

诗词拓展

南歌子·倭堕低梳髻

【唐】温庭筠

倭堕低梳髻，连娟细扫眉。终日
两相思。为君憔悴尽，百花时。

发　饰

古代女子非常重视发饰，因为发饰不仅是等级的标志，还能展示个人的魅力。

早在新石器时代，先民就用骨笄（jī）、蚌笄固定头发。人们学会打磨石材后，石笄、玉笄相继出现。随着时代的发展，古人开始在笄头上加上各种装饰，簪逐渐形成。

簪是什么样子的

簪是古人束发的工具，分为簪首和簪股两个部分。簪首可以变换多种造型。

玉制的簪又称为玉搔头。为什么会有这样的名字呢？还有一个有趣的典故。据史书记载，汉武帝去李夫人宫中，突然感到头痒，便拔下李夫人头上的玉簪瘙痒，因此玉搔头又成了玉簪的别称。

● 唐·周昉《簪花仕女图》局部　27

● 清·金廷标《仕女簪花图》局部

钗是什么样子的

钗是在簪的基础上发展而来的。钗由两股簪子组合而成，可以用来绾头发，还有装饰的功能。

钗的使用方法很多，可以从下往上倒插，从上往下竖插，还可以横插、斜插。据说有的女子会在双鬓各插六支发钗呢。

步摇是什么样子的

步摇因行走时微微颤动或自然摇曳得名。步摇有两种：一种是在簪首装饰凤凰、蝴蝶、花草等或垂下流苏、坠子；另一种是带有底座的步摇冠，步摇冠上有枝杈，枝杈上悬挂可以活动的饰品。

金钿是什么样子的

古人喜欢簪花，金钿是由簪花习俗演变而来。古人将用金、银制作的花簪称为"金钿"；在金钿上镶嵌玉石、珠宝，称为"宝钿"；用翠鸟羽毛制作的花簪称为"翠钿"或"翠羽簪"。

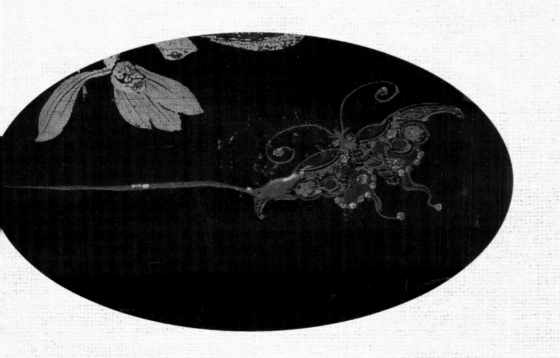

诗词拓展

长恨歌（节选）

【唐】白居易

钗留一股合一扇，

钗擘黄金合分钿。

但令心似金钿坚，

天上人间会相见。

29

花　冠

　　北宋时期，盛行戴花冠。花冠的种类繁多，造型各异。

一年景

　　"一年景"是宋代流行的纹饰，因纹饰中有一年四季的花草、景物而得名。"一年景"纹饰集四季花卉于一体，表达了古人对生活的美好期盼。宋代的女子，除了穿一年景纹饰的衣服，还会戴"一年景"花冠。人们将春天的桃花、杏花，夏天的荷花，秋天的菊花，冬天的梅花等簪在冠上，这种花冠称为"一年景"。

"一年景"花冠上的花都是真花吗

　　当然不是。花冠上的花有两种，一种是真花，一种是仿生花。仿生花也叫像生花，是使用绢、帛、通草、珍珠、玉石、金、银等制成的假花。

除了一年景，还有哪些花冠呢

　　除了一年景以外，重楼子也是一种非常有特色的花冠。

　　宋代人喜欢种牡丹、芍药，它们的花瓣有很多层，又叫楼子。工匠仿制特种牡丹重楼子制成重楼子花冠，远远望去，就像一座小山。因为宋代女子喜欢高髻，高高的发髻上再带上花冠，就太夸张了。宋代的皇帝曾下诏限制发饰的高度，所以这种重楼子花冠没有普及。

　　莲花冠是宋代男子和女子都可以戴的花冠，只不过男子的莲花冠用玉制成，女子的莲花冠多用绢帛制成。

男子也簪花吗

早在汉代，人们便开始簪花。唐代，簪花得到了发展，不只女子簪花，男子也簪花。北宋时期，簪花发展到了顶峰。皇帝会给大臣赐花，并成为一种宫廷礼仪制度。

宋仁宗时期明确规定，赐花是皇恩的体现，皇帝赐花必须佩戴，而且必须带回府邸，不得让侍从持花、戴花，否则是对皇权的蔑视，会被处罚。

四相簪花的故事

北宋年间，韩魏公韩琦镇守扬州，他的后院中有一株芍药开出四朵花，花瓣上下红，中间一圈金黄色花蕊，很是奇特。

于是，韩琦邀请在大理寺供职的王珪、王安石一同欣赏，因花有四朵，还差一人，韩琦便邀请陈升之共同赏花。四人在"金缠腰"的芍药花前饮酒作诗，还摘下花朵簪于头上。

此后三十年间，四人先后当上了宰相。这就是著名的"四相簪花"的故事。

诗词拓展

德寿宫庆寿口号十篇·其三

【宋】杨万里

春色何须羯鼓催，

君王元日领春回。

牡丹芍药蔷薇朵，

都向千官帽上开。

● 宋·苏汉臣《货郎图》局部

33

敷　粉

中国有句俗话："一白遮百丑！"古代，女子希望皮肤白皙，所以她们会敷粉。

古代女子敷的粉统称为"妆粉"。最早的妆粉有两种，一种是将米研碎制成的米粉；一种是将白铅化成糊制成的铅粉，俗称"胡粉"。唐代女子使用的就是铅粉。不过铅粉是一种金属，长时间使用会损害皮肤。后来又出现了米粉和胡粉混合葵花草汁制成的紫粉，用珍珠制成的珠粉。还有一种珍珠粉，听名字你是不是以为它是用珍珠做的？其实不是，这种珍珠粉是用紫茉莉花制成的。

成语"洗尽铅华"中的"铅华"，指的就是铅粉。

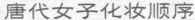

唐代女子化妆顺序

1. 敷粉。　　　　2. 抹胭脂。　　　　3. 画眉黛。

4. 贴画钿。　　5. 点面靥。　　6. 描斜红。　　7. 涂唇脂。

抹胭脂

胭脂是古代常见的化妆品，腮红、口红二合一，用红蓝花制成，可以做成胭脂粉，也可以做成胭脂膏。古人将胭脂调匀后直接用手蘸取、涂抹就可以了。

胭脂抹在脸颊上，有浓有淡，名字也不一样，有"酒晕妆""桃花妆""飞霞妆"等。

画眉黛

古人最早是将柳枝烧焦后直接描画眉毛。后来，有了石黛。画眉前，将石黛放在石砚上研磨成粉末，加水后画眉。再后来，有了从西域传来的青黛、珍贵的螺子黛……

画眉是唯一不能省略的化妆步骤。

在唐代，眉型有很多种。

唐代不同时期女子眉黛变化

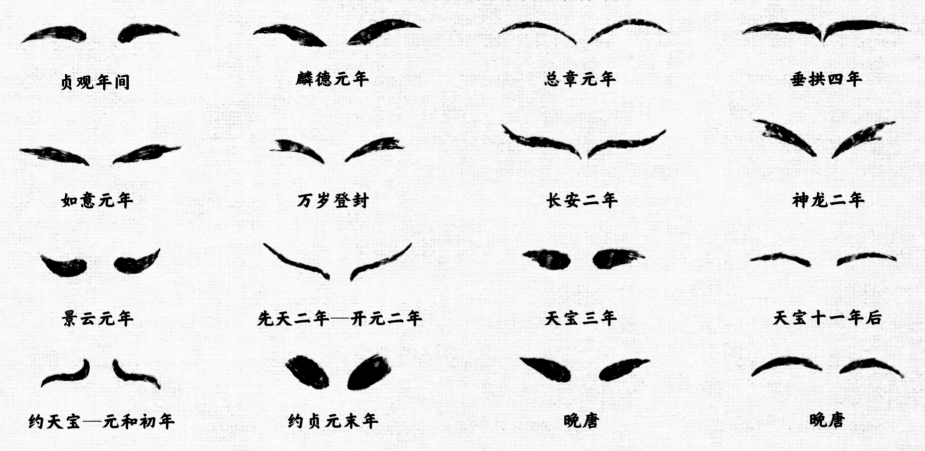

贞观年间　麟德元年　总章元年　垂拱四年

如意元年　万岁登封　长安二年　神龙二年

景云元年　先天二年—开元二年　天宝三年　天宝十一年后

约天宝—元和初年　约贞元末年　晚唐　晚唐

珍贵的螺子黛

　　黛是古代画眉的材料，有石黛、螺子黛、铜黛等。它们都是一种青黑色的矿石，可以使眉毛染上颜色。

　　在古代，螺子黛是名贵的画眉材料，画眉的时候不需要研磨，只需要浸湿就可以了，早在隋唐时期就出现了。它为什么名贵呢？螺子黛产自波斯（今伊朗），里面含有一种海螺。

　　制作螺子黛使用的海螺比较珍贵，又从波斯而来，所以螺子黛价格昂贵，十分稀缺。

贴花钿

花钿是古时女子脸上的一种花饰，可以画上去，也可以用彩色光纸、鱼骨、丝绸、金箔等制作成花钿后贴在额头上。

花钿的形状多样，除常见的梅花外，还有小鸟、小鱼、小鸭等。

花钿怎样贴在头上呢

古人除了用金箔、彩色光纸、鱼腮骨、丝绸、贝壳等多种材料制作花钿，还会用翠鸟的羽毛制作花钿。最奇特的是蜻蜓翅膀也能用来做花钿。

粘贴花钿时要使用"呵胶"，只要轻呵一口气，胶就会有黏性。古人在化妆这件事情上，是不是下了很大的功夫呢。

关于花钿的美丽传说

宋武帝刘裕的女儿寿阳公主，在正月初七那天仰卧在含章殿下，殿前的梅树被微风一吹，落下一朵梅花，不偏不倚，正好落在公主额头上，不想额头被染上了花瓣状的印迹，怎么洗都洗不掉。宫中女子见公主额头上的梅花印非常美丽，争相效仿，将梅花贴在额头。风靡一时的梅花妆从宫廷传到民间并流传开来。

● 元·佚名《梅花仕女图》

各种各样的花钿

● 唐·佚名《仕女图》

点面靥

据说，古人觉得酒窝会使人面部表情更生动，看上去更活泼可爱，因此古代许多爱美的女子都渴望拥有它。但不是人人天生就有酒窝，于是，古人便想出了点面靥的方法。

面靥又叫笑靥，通常用胭脂点染。唐代以前，面靥是黄豆般的两个圆点。唐代以后，面靥的样式更加丰富：有的形如钱币，称为"钱点"；有的像杏，称为"杏靥"；更讲究的还会在面靥的周围画上各种花卉，俗称"花靥"。

描斜红

唐朝的女子会用胭脂之类的红颜色在太阳穴涂抹类似月牙的形状，这个月牙就叫"斜红"。化了斜红的妆容又叫"斜红妆"。

斜红妆又名晓霞妆，是中国古代女子特有的妆容。其实，这种妆容最早出现在南北朝时期，只不过在南北朝时期还没有流行开而已。

后来，也有女子将斜红画成朝霞的样子，非常夸张。

斜红妆的画法也很特别：女子先利用簪、钗、小拇指等蘸取胭脂，然后画出斜红。

花钿

斜红

面靥

● 唐·佚名《泥塑彩绘仕女俑头像》

涂唇脂

　　唇脂分为有色唇脂和无色唇脂。有色唇脂是女子化妆专用的唇脂。唇脂的颜色不同，画出的嘴唇叫法也不一样。涂浅红色唇脂叫"檀口"，涂大红色唇脂叫"朱唇"，涂深红色唇脂叫"绛唇"，涂非常夸张的黑色唇脂叫"黑唇"。

时世妆

　　唐代，曾出现追求怪异妆容的风潮，白居易还专门写了一首《时世妆》，记录了当时的妆容特点：女子画八字眉，嘴唇颜色涂成黑色，脸上不施朱粉和胭脂，而是涂上赭粉。白居易认为，这种"赭面"妆容不符合汉族传统审美，看起来像在哭啼，是"乱世之相"。

诗词拓展

时世妆（节选）

【唐】白居易

乌膏注唇唇似泥，

双眉画作八字低。

妍媸黑白失本态，

妆成尽似含悲啼。

41